辐射安全
"核"你同行

广东省环境辐射监测中心 编著

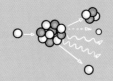

SPM
南方传媒

广东人民出版社

·广州·

图书在版编目（CIP）数据

粤鹰小队：辐射安全"核"你同行 / 广东省环境辐射监测中心编著. —广州：广东人民出版社，2023.5
ISBN 978-7-218-16523-3

Ⅰ. ①粤… Ⅱ. ①广… Ⅲ. ①辐射防护—普及读物 Ⅳ. ①TL7-49

中国国家版本馆CIP数据核字（2023）第073116号

YUEYING XIAODUI · FUSHE ANQUAN "HE" NI TONGXING

粤鹰小队·辐射安全"核"你同行

广东省环境辐射监测中心　编著

出　版　人：肖风华

责任编辑：黎　捷　梁　晖
装帧设计：友间文化
插　　画：半调小钥
责任技编：周星奎

出版发行：广东人民出版社
地　　址：广州市越秀区大沙头四马路10号（邮政编码：510199）
电　　话：（020）85716809（总编室）
传　　真：（020）83289585
网　　址：http://www.gdpph.com
印　　刷：佛山市迎高彩印有限公司
开　　本：787mm×1 092mm　1/16
印　　张：7.25　字　　数：60千
版　　次：2023年5月第1版
印　　次：2023年5月第1次印刷
定　　价：38.00元

如发现印装质量问题，影响阅读，请与出版社（020-85716849）联系调换。
售书热线：（020）85716833

编委会

主　编：赖力明　王家玥

撰　稿：（排名不分先后）

周　帅　李华琴　陈　璇

林淑倩　覃连敬　陈　静

邓颖诗　赖力明　陈文涛

顾　问：黄乃明　区宇波　陈志东

周睿东　宁　健

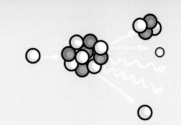

序 Preface

　　人类发现核能已超过一个甲子，随着科技的发展和社会的进步，核裂变能和辐射能的技术应用逐渐走入人们的生活（如：核电和核技术），对保障能源安全和人类健康具有重大意义。但是，对于大多数人来说，核与辐射仍然显得陌生而神秘，特别是曾发生过三次严重核事故，难免使人心生疑虑，甚且恐惧。因此，通过科普读物，为公众普及核与辐射相关科学知识，消除人们对核与辐射的恐慌和误解，是十分重要和必要的。

　　《粤鹰小队·辐射安全"核"你同行》是一本由广东省环境辐射监测中心组织编写的科普漫画书，全书针对人们日常遇到的核与辐射热点事件或话题，通过10个情景故事，以通俗易懂的漫画语言，系统地介绍核与辐射的基本原理和应用技术，科学地解答人们对核与辐射的疑惑和担忧。书中设计了4只代表核与辐射安全文化精神"严、慎、细、实"的猫头鹰吉祥物，以"粤鹰小队"的形象为大家宣讲核与辐射科普知识。

　　这本科普漫画书具有以下特色：拟人化谈科普显亲切，情景漫画说故事有魅力，生活气息布场景易共情，图文并茂讲知识便理解；其兼顾科学性和趣味性，是公众建立正确核与辐射科学观、提升核与辐射科学素养、增强核安全文化理念的上佳读物。

　　这本书作为核与辐射安全知识科普读物，我深信它可以帮助人们更深入地掌握核和辐射的本质，更全面地了解它们的作用和影响以及更好地利用和管理它们。我深信这本书可以成为广大公众学习和了解核和辐射知识的重要手段和途径，让更多人从中受益。

于俊崇

中国工程院院士

2023年4月12日

粤鹰小队成员

严 刚正不阿、成熟稳重，平时不苟言笑，实则富有仁爱之心。

善于思考、学识渊博，喜欢读书，乐意讨论与分享。 慎

细 刚中柔外、善解人意，做事认真细心，对细节观察独到。

憨厚老实、积极负责，喜欢帮助别人，工作上任劳任怨、不畏艰辛。 实

主要人物

小李　理工男，严谨，注重证据，但知识面稍窄。

聪明伶俐，爱打听，爱搞怪。　**小张**

小美　热心，特别注意健康，但主观判断力有待提高。

小美的闺蜜，关心他人，注意细节，易信他人。　**小丽**

目录 Contents

1. 仙人掌防辐射吗 / 1

2. 勤洗脸可以防辐射吗 / 11

3. 公园大树上的 "白帆" / 19

4. 放射科的照相机 / 31

5. 透过你的伪装我的眼 / 41

6. 天花板的安全卫士 / 51

7. 室内的隐身氡 / 59

8. "核"你的专属浪漫 / 67

9. 那幢白色房子真漂亮 / 79

10. 借你一双"慧眼" / 91

辐射安全"核"你同行

1.仙人掌防辐射吗

（本章由周帅撰稿）

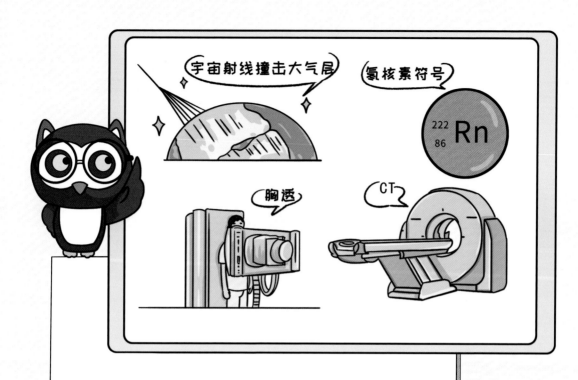

宇宙射线、空气中氡气等天然产生的，以及胸透、CT检查等人工产生的辐射都属于电离辐射。调查显示，我国居民所受的天然和人工电离辐射的年平均有效剂量分别约为3.1mSv和0.2mSv。

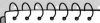

电离辐射会损伤DNA。但是，谈伤害的前提是剂量。依据国家标准，由实践造成的公众辐射年平均有效剂量限值为1mSv。

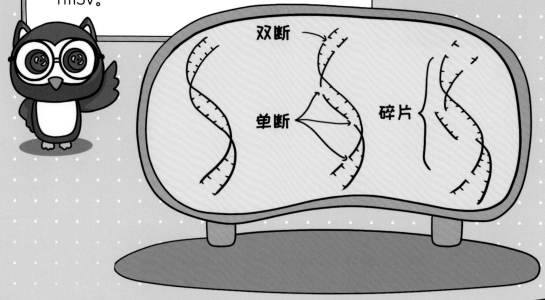

所以，大家平日注意远离有电离辐射标志的地方即可，不必过分担心。

我们日常生活中接触的电吹风、电脑、手机、基站等释放的电磁波，以及紫外线、可见光等则属于电磁辐射。

　　国家标准《电磁环境控制限值》（GB 8702—2014）对我们生活环境中的各种电磁辐射进行了严格限制，所以大家不用过分担心。我们的日常防护遵循预防原则，最好做到不沉迷电子游戏，避免长期无节制使用电子设备，并且多参加户外活动。

2.勤洗脸可以预防辐射吗

（本章由周帅、赖力明撰稿）

可他们说自己有依据，说那是"清洗可以消除放射性沾污"？

理解这句话首先需要理解两个概念："放射性"和"沾污"。

老师，您在讲座中提到，放射性是指不稳定原子核自发地放出α、β、γ等各种射线的现象。射线能量较高，属于电离辐射。

沾污是指具有放射性的物质附着在泥土、灰尘等物体表面形成放射性沾污物，对地面、人体等形成沾污。

高空风向

爆区

云迹区

重度沾染区　中度沾染区　　　轻度沾染区

沾染区
（几公里至几千公里）

放射性沾污

嗯，对的。你们听得真细致！

你们提到的"清洗可以消除放射性沾污",主要是针对核武器、核事故等导致大量放射性物质释放时周围居民的防护。此时放射性物质附着在灰尘上,灰尘就成为了辐射源,清洗掉灰尘可以防止受到放射性物质的辐射伤害。

核武器

放射性物质

一颗灰尘

电场

磁场

传播方向

那我明白了,电子设备本身并不是放射性物质,它释放的电磁波和光一样,属于电磁辐射,不能吸附在灰尘上。所以,勤洗脸并不能预防电磁辐射,对吗?

对的,很棒!想要预防电磁辐射,就要多参加户外运动,不要成为"屏幕控"!

3.公园大树上的"白帆"

（本章由李华琴撰稿）

这是仿生树型通信基站，为保证公园附近通信网络质量而建立。

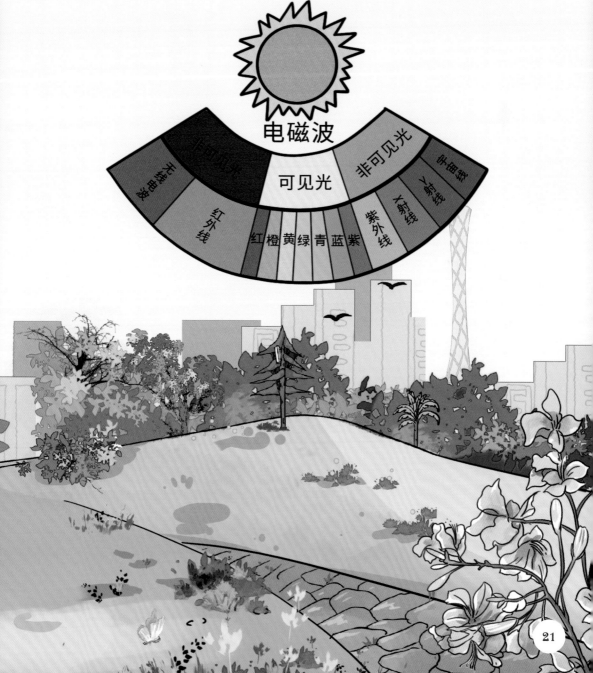

电磁波

可见光
非可见光
无线电波
红外线
红橙黄绿青蓝紫
紫外线
X射线
γ射线

我们是不是就不用管这些产生电磁辐射的设施呢?

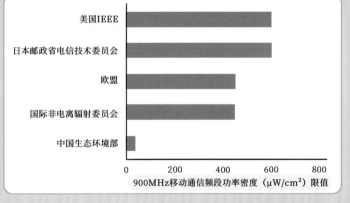

900MHz移动通信频段功率密度（μW/cm²）限值

不，如果滥用或对电磁辐射不进行监管和限制，也有可能会对我们的健康产生影响。因此，我国国家标准《电磁环境控制限值》（GB 8702-2014）规定了电磁环境中的公众曝露控制限值，限值要求比欧盟、美国、日本的标准都要严格。

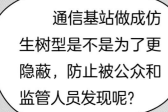

通信基站做成仿生树型是不是为了更隐蔽，防止被公众和监管人员发现呢？

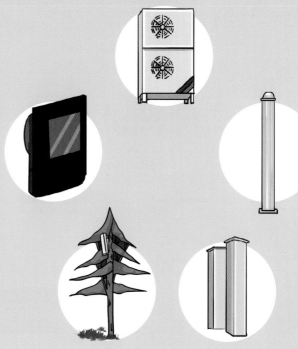

哈哈，基站美化常见于风景名胜区，并不是为了隐藏，而是为了与城市景观相协调，不破坏景致。常见的还有美化成射灯、空调、方柱等。

当然，在人口密集的居民区建设基站美化应慎重，基站被美化后，公众难以发现，可能会更靠近基站而受到不必要的电磁辐射。因此，建设方在美化基站建设时应做好标识或划定控制区域。

哦，原来是这样。基站美化建设不能只考虑景观的协调，同时要警惕公众因"不知"而靠近，受到不必要的电磁辐射！

当心电磁辐射

听说通信基站建在楼顶，整栋楼受到的辐射都会很大？

通信基站电磁辐射主要是在水平方向上向外发射、下倾角度小。因此，虽然通信基站建在楼顶，但电磁波不向该楼下方辐射，楼房内部电磁辐射水平反而比周围低，这就是所谓的"灯下黑"。

周边住户会不会受到超标辐射?

广东省通信基站周围公众活动区域电磁辐射水平分布
（2014-2017年调查结果）

图例：
- 0-2.00μW/cm²
- 2.01-4.00μW/cm²
- 4.01-6.00μW/cm²
- 6.01-8.00μW/cm²

纵轴：通信基站数量（个）

数据：8014、1295、645、417

基站发射的电磁波在空气中传播的过程中衰减很大，电磁辐射强度与距离的平方成反比，如果基站建设符合国家标准，通信基站周边公众活动区域电磁辐射水平是能够达标的。

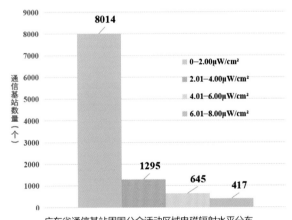

我们怎么知道通信基站建设是否符合国家标准，周围环境电磁辐射水平是否达标呢？

　　根据我国相应的法律法规，通信基站在建设前需填报环境影响登记表，实行备案管理。《通信基站环境保护工作备忘录》中要求各运营商和铁塔公司应对周围电磁环境敏感目标进行电磁辐射环境监测，确保环境质量达标并公开监测信息，各地生态环境主管部门对其监测结果进行监督管理。

盲目阻碍通信设施建设或破坏通信设施会造成小区通信瘫痪，导致遇到火灾、急救或其他危险情况时无法拨打紧急救援电话，造成不可挽回的损失。

通信顺畅确实很重要！

4.放射科的照相机

（本章由陈璇撰稿）

由于人体组织结构厚度和密度的差异，各组织结构阻挡X射线的能力也不尽相同，穿出身体后的X射线，会在胶片或荧光屏上呈现出黑白或明暗对比不同的影像，从而帮助我们发现身体内部的疾患。

X射线

例如，骨骼密度较高，更容易阻挡X光，在屏幕上呈白影，而其他较为柔软的组织密度较低，在屏幕显示黑色。

我知道了，这和胶片相机拍摄出来的底片很像。

X光既然能够穿透人体，是不是对人体伤害很大？

其实我们生活在地球上，每时每刻都会受到周围环境天然辐射源的照射，据估计，全球居民所受天然辐射年有效剂量约为2.4mSv，而用X射线摄影胸透体检一次，人体所受有效剂量当量约为0.16mSv。

那CT检查呢?

CT检查需用X线束从多个方向对人体检查部位进行扫描,诊断图像清晰且分辨率高,可以更准确快捷地筛查出早期疾病。当然,受检者所受剂量也相对大一些,但现在不少医院采用低剂量CT检查,健康体检人群一次低剂量胸部CT检查,所受辐射剂量约为1mSv,甚至更低。

在国家标准《电离辐射防护与辐射源安全基本标准》（GB 18871—2002）中，对放射诊断、核医学、放射治疗等医疗照射的责任、正当性判断、防护最优化、指导水平与剂量约束等内容都进行了详细的规定。

放射科

当心电离辐射

所以，不用担心，选择正规的医院检查，医生会充分考虑个体的具体情况，遵循防护最优化原则，科学合理使用CT检查。千万不要因为害怕辐射，而对有必要做的检查望而生畏。

嗯嗯，那我们现在就去排队检查咯。

5.透过你的伪装我的眼

(本章由林淑倩撰稿)

类别	颜色	典型物质
有机物		含氢、碳、氮、氧的物质，如食品、塑料等
混合物和轻金属		含钠、硅、氯的物质，如书本、陶瓷等
无机物		金属，如铁、铜、银等

不用担心！X射线安检机是低危险射线装置，属于III类射线装置。根据生态环境部和原国家卫生和计划生育委员会联合发布的《射线装置分类》公告，对公共场所柜式X射线行李包检查装置的用户单位实行豁免管理。所谓豁免管理，是国家审管部门按照一套非常严格而科学的评估标准，只有在确保安全的情况下才会进行豁免的认可。

安检机行李进出口上挂的帘子是用一定厚度的铅制作，可以屏蔽安检机内部所产生的X射线。一般行李安检机内部的辐射剂量率约3.8—20μGy/h，在铅帘以外辐射水平基本达到正常本底水平。在正常情况下，公众是安全的。

当然可以吃！一般安检机里的X射线能量较低，食物被照射时就像晒太阳一样，不会有射线残留或造成损伤，更谈不上对人体产生累积伤害，可以放心食用。

6.天花板的安全卫士

（本章由覃连敬撰稿）

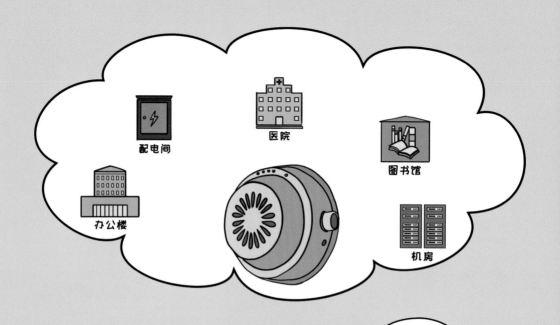

对了，你一直说烟雾报警器，我怎么没看到呢？

一般在办公楼、医院、商场、图书馆等公共场所都有呀，天花板上一闪一闪发出亮光的就是烟雾报警器。

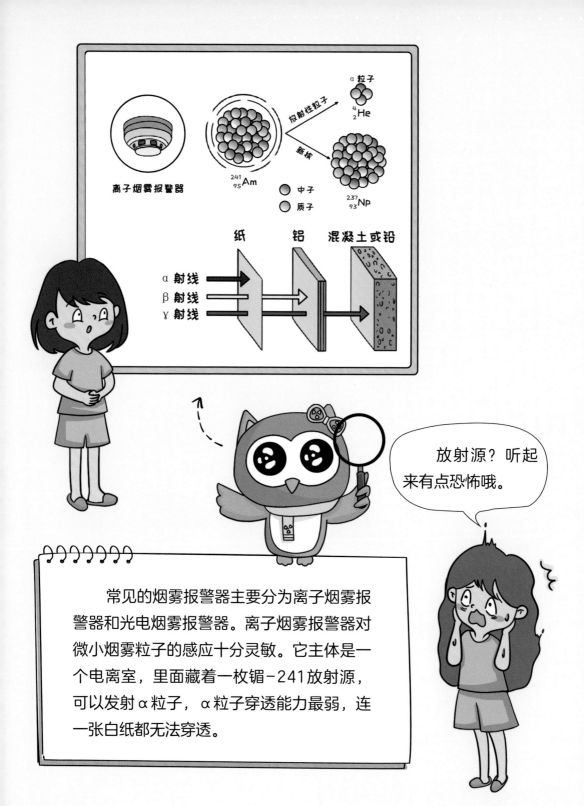

常见的烟雾报警器主要分为离子烟雾报警器和光电烟雾报警器。离子烟雾报警器对微小烟雾粒子的感应十分灵敏。它主体是一个电离室，里面藏着一枚镅-241放射源，可以发射α粒子，α粒子穿透能力最弱，连一张白纸都无法穿透。

那是利用 α 射线穿透能力弱的原理触发报警吗？

是的！镅-241发射出 α 粒子，在电离室中电离产生正、负离子，在外加电场的作用下形成电离电流。

正常情况下，电离室的电流和电压都是稳定的。当有烟雾进入电离室时，正负离子被吸附到烟雾粒子上面，使得正负离子复合几率增大，导致离子电流急剧减少，引起电流电压信号变化，从而引发报警。

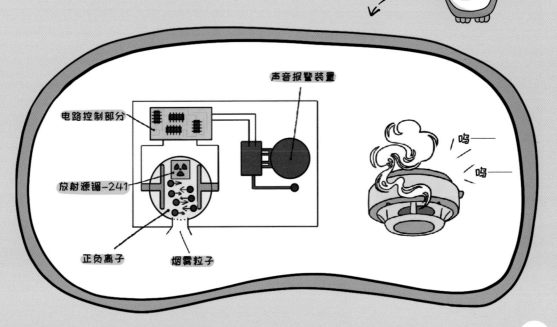

声音报警装置

电路控制部分

放射源镅-241

正负离子

烟雾粒子

呜——

呜——

7.室内的隐身氡

（本章由陈静撰稿）

氡？慎，你能给我们解释一下什么是氡吗？

我国居民所受天然辐射年有效剂量

照射类型	辐射源	年有效剂量（mSv）
外照射	宇宙射线中的电离成分	0.260
	宇宙射线中的中子成分	0.100
	陆地 γ 辐射	0.540
内照射	氡及其短寿命子体	1.56
	钍射气及其短寿命子体	0.185
	^{40}K	0.170
	其他核素	0.315
总计		约 3.1

86
Rn
Radon
<222>

可以，我们所说的氡其实是指氡-222，它是一种天然放射性气体，无色无味。氡及其子体广泛存在于自然界中，是人类所受天然辐射最主要的来源。

那氡有什么危害?

氡衰变产生的子体极易附着在粉尘等颗粒物上，伴随着呼吸，氡及其子体会被人吸入体内，释放的α粒子能量沉积在气管或支气管等肺部组织。如果人长期工作或生活在氡浓度较高的环境中，受到的辐射剂量较大，最终可能导致肺癌的发生。

吸入氡气。

辐射撞击活细胞及破坏DNA

α

但也不用太害怕，我国在《电离辐射防护与辐射源安全基本标准》《室内氡及其子体控制要求》等相关标准中，都对室内氡浓度进行了严格规定。调查显示，目前我国居民所受氡及其子体的年平均有效剂量约为1.56mSv。一般情况下，日常生活中氡及其子体产生的剂量不会对我们健康产生太大影响。

请问我们日常
该怎么防护呢?

最简单的方法就是加强室内通风,从而降低氡浓度。研究表明,通风可以迅速降低室内氡水平。无论是否新装修,我们都要牢记勤于开窗通风换气,这也是对付其他几种家装污染元凶的最佳防护方法。

总而言之，只要空气中氡含量足够低，它对我们的健康就不会产生太大影响。在进入密闭的房间后，一定要记得先打开窗户，把"隐身"的氡赶出去哟！

好呀，那我们赶紧打开窗通通风！

8. "核"你的专属浪漫

（本章由邓颖诗撰稿）

在我国国家标准中规定，运行状态下任何厂址的所有核动力堆向环境释放的放射性物质对公众中任何个人造成的有效剂量，每年必须小于0.25mSv的剂量约束值。

我记得我国居民所受天然电离辐射的年平均有效剂量约为3.1mSv，这样算起来，核电产生的剂量还不到天然辐射的1/10呢。

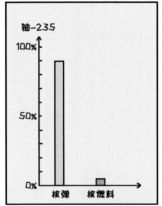

虽然核弹和核反应堆都可用铀-235为原料，但核弹要求铀-235纯度在90%以上，而核电站所用的核燃料要求铀-235纯度不超过5%。如此低的浓度根本不会造成核爆炸，这跟高度烈酒可以被点燃，啤酒却不能是同样道理。

按理说核电站不会发生核爆炸，那日本福岛核电站爆炸究竟是什么爆炸？

其实，日本福岛核电站发生的是氢气爆炸。当时是因应急冷却系统故障，导致燃料棒外壳发生锆—水反应生成大量氢气。氢气泄漏到反应堆厂房里与空气反应产生了爆炸，并不是核爆炸。

不过，新闻已经报道日本福岛核电站发生了核泄漏。看来即使不发生核爆炸，放射性物质也还是可能跑出来。

实际上，为防止反应堆内产生的放射性物质泄漏到环境，核电站在设计、建设方面采用了多道屏障。

钢内衬

安全壳

核燃料芯块和包壳

压力壳

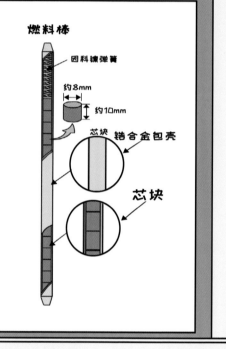

燃料棒

因科镍弹簧

约8mm

约10mm

芯块　锆合金包壳

芯块

第一道屏障是燃料芯块。核裂变产生的放射性物质98%以上滞留在二氧化铀陶瓷芯块中，不会释放出来。

第二道屏障是燃料元件包壳管。燃料芯块密封在锆合金包壳内，防止放射性物质进入一回路水中。

第三道屏障是压力容器和一回路压力边界。核燃料堆芯密封在壁厚20cm的钢质耐高压系统中，避免放射性物质泄漏至厂内。

第四道屏障是安全壳。它是由厚度超过44mm的钢板和预应力钢筋混凝土构筑而成，壁厚超过1m，内表面加有钢衬，能防止放射性物质进入外部环境。

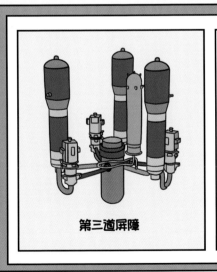

第三道屏障

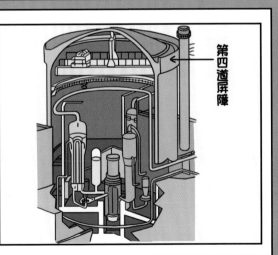

第四道屏障

9.那幢白色房子真漂亮

（本章由赖力明撰稿）

剂量率98nGy/h

看，那幢白色房子真漂亮！不知是用来干什么的？

这是辐射环境空气自动监测站（简称"自动站"），用于环境γ辐射和气象状况连续监测，以及空气中气溶胶、气碘、沉降物等样品自动采集。

　　环境质量监测点分布于全国主要城市、边境、重要岛屿等，数据可用于估算公众所受辐射剂量。核电厂监测点分布于核电厂外围，用于监视核电厂周围辐射水平变化情况，为核事故预警、应急及后果评价提供数据支持。

　　你们感兴趣的话，可以跟我来参观一下。

气溶胶采样器主机

滤膜

这台是气溶胶采样器主机，这根管与房顶采样窗相连，采样窗上安装有用于收集空气中气溶胶粒子的滤膜。

哇，原来气溶胶样品是这样采集的！

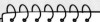

嗯，再来看这台碘采样器的主机，
这根管通往房顶碘采样窗，采样窗上安装
了碘盒和滤膜，可用于收集空气中的碘。
　　站房里主要设备介绍完了，我们再
去站房顶看看吧。

滤膜

碘盒

碘采样器主机

好啊！

好啦！我们现在到自动站的楼顶了。这里放置了自动站大部分的测量和采样仪器。

气溶胶采样窗

哇，这么小的地方放了这么多仪器，布局真精巧呀！

RST

这里面安装了自动站最核心的仪器——高气压电离室，发布系统上的空气吸收剂量率数据就是由它采集的。一般环境中的 γ 射线在这仪器里产生的电离电流只有 10^{-13}A 左右，但如此微弱的信号也逃不过它的"法眼"！

碘采样窗

高气压电离室

那个百叶箱是用来干什么的呢？

87

看，地面上那台是干湿沉降采样器。现在没盖的是干桶，日常不降雨时干沉降就落在干桶中收集，当降雨时旁边湿桶上的盖子自动翻到干桶上，开始采集湿沉降。

干湿沉降采样器

那这些样品也是在这里自动分析吗？

不，这些样品自动采集完成后，我们会将其从自动站送回实验室，进行更详细的放射性核素检测与分析。无论在自动站里的数据采集、运维、采样中，还是在送样、实验室检测等过程中，我们对所有环节都进行严格的质量控制，确保出具的数据全面、准确、客观、真实。

实验室

哇，在这幢房子里认真工作的你们真漂亮！

10.借你一双"慧眼"

（本章由陈文涛撰稿）

是的，放射化学实验室与普通化学实验室其实差不多，只是具体采用的方法和步骤有所区别。

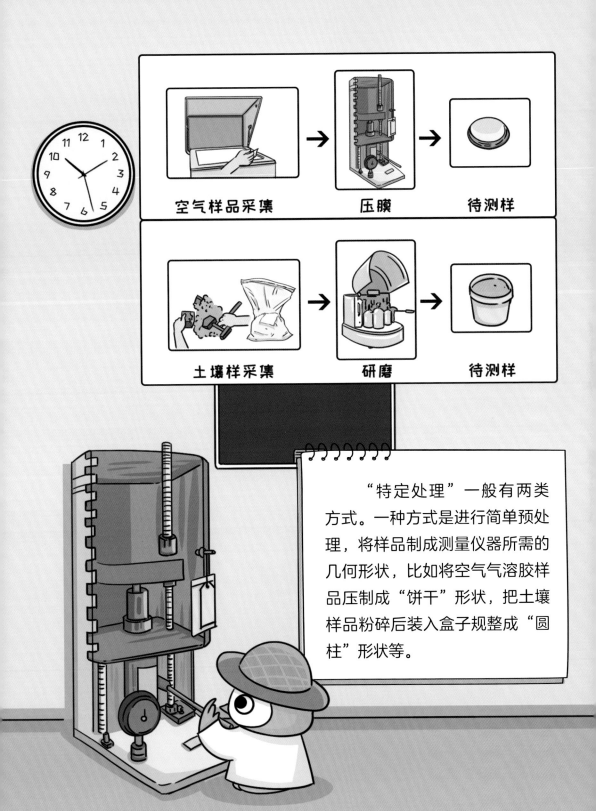

空气样品采集　　　压膜　　　待测样

土壤样采集　　　研磨　　　待测样

"特定处理"一般有两类方式。一种方式是进行简单预处理，将样品制成测量仪器所需的几何形状，比如将空气气溶胶样品压制成"饼干"形状，把土壤样品粉碎后装入盒子规整成"圆柱"形状等。

另一种方式是通过富集、分离、纯化等物理或化学手段，把采集的样品制成适合测量仪器"探测"的形态。比如将生物样品高温烧成粉末状，把样品中放射性核素分离出来制成片状样品等，这个过程可以比喻为"取其精华，去其糟粕"。

测量仪器在哪里？

跟我们先来这里看看，这是 γ 能谱测量仪，它既能识别样品中 γ 放射性核素的种类，又能计算相应核素的含量。

不同的 γ 放射性核素发射的 γ 射线能量不同，测量谱图上的 γ 射线位置反应了放射性核素的种类，而每条 γ 射线的强度则反应了核素含量的多少。

这么神奇？它是怎么做到的？

铅屏蔽室

样品

高纯锗探测器

制冷系统

HPGe
探测系统

可这测量仪器也看不出有什么特别之处呀！之前处理好的样品又是放在哪里的呢？

样品放在这个圆柱形腔体里，样品下方的长条圆柱体便是探测器，是"看见"γ射线的"眼睛"。腔体外面厚厚一层是铅屏蔽体，用来消除环境中无处不在的γ射线对样品"探测"的干扰影响。

样品中发射出的 γ 射线能量会被探测器"吸收"。"吸收"完成后，探测器会"放电"产生电信号，电信号经放大、转换之后就变成了可视化的图像信号。

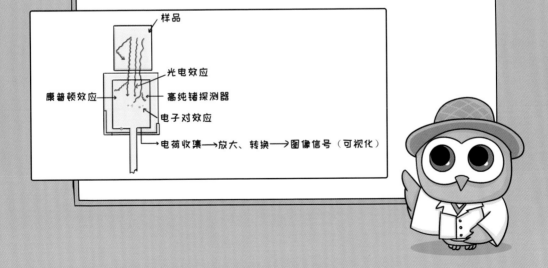

又是如何区分γ射线能量呢?

不同能量的γ射线被"吸收""放电"的脉冲幅度大小不一样,仪器分别记录这些脉冲计数,再经过一段时间的计数收集,最终形成可以区分γ射线能量的谱图。

所有的放射性测量仪器都可以区分能量吗?

当然不是。比如我们现在参观的这间测量室的低本底α/β测量仪就是一种不区分α/β射线具体能量的测量仪器。

不能区分能量，那测量结果还有意义吗？

有意义，因为有时我们更关注总体的放射性水平而不是单独某个放射性核素的含量。另外，β射线的能量是连续的，很难通过区分能量来鉴别核素。当然，样品经分离、纯化后，也可以用低本底 α / β 测量仪测量单一核素的含量。

低本底 α / β 测量仪

不能，这台仪器是通过计数来"看见"射线的。以 β 射线为例，β 粒子被探测器"吸收"后会转换为电信号，一个信号就是一个计数，最终射线的多少直接体现为计数的多少。

α 谱仪

低本底液闪谱仪

那边实验室还有 α 谱仪、低本底液闪谱仪等，我们继续去看看吧……